Discovery EDUCATION

UN LIVRE WELDON OWEN

Conçu et réalisé par
Weldon Owen Pty Ltd
59-61 Victoria Street, McMahons Point
Sydney NSW 2060, Australie

Édition originale parue sous le titre
Tombs of the Pharaohs

POUR L'ÉDITION ORIGINALE
WELDON OWEN PTY LTD
Direction générale Kay Scarlett
Direction de la création Sue Burk
Direction éditoriale Helen Bateman
Vice-président des droits étrangers Stuart Laurence
Vice-président des droits Amérique du Nord Ellen Towell
Direction administrative des droits étrangers Kristine Ravn
Éditeur Madeleine Jennings
Secrétaires d'édition Barbara McClenahan, Bronwyn Sweeney, Shan Wolody
Assistante éditoriale Natalie Ryan
Direction artistique Michelle Cutler, Kathryn Morgan
Maquettiste Lore Foye
Responsable des illustrations Trucie Henderson
Iconographe Tracey Gibson
Directeur de la fabrication Todd Rechner
Fabrication Linda Benton et Mike Crowton
Conseiller Philip Wilkinson

POUR L'ÉDITION FRANÇAISE
Responsable éditorial Thomas Dartige
Édition Éric Pierrat et Jessica Mautref
Couverture Marguerite Courtieu
Photogravure de couverture Scan+
Réalisation de l'édition française
ML Éditions, Paris,
sous la direction de Michel Langrognet
Traduction Pascal Varejka
Édition et PAO Anne Papazoglou-Obermeister et Giulia Valmachino
Correction Marie-Pierre Le Faucheur

ISBN : 978-2-07-064151-2

Dépôt légal : janvier 2012
N° d'édition : 183610
Loi n° 49-956 du 16 juillet 1949 sur les publications destinées à la jeunesse.

Ne peut être vendu au Canada

Imprimé et relié en Chine
par 1010 Printing Int Ltd.

Égypte

Meredith Costain

Sommaire

Qui étaient les pharaons ?

Les pharaons étaient les puissants souverains de l'Égypte antique. Leurs sujets les considéraient comme des dieux. Le mot « pharaon » signifie « grande maison ». D'après une ancienne tradition égyptienne, le roi Narmer (également appelé parfois Ménès) aurait unifié les royaumes de Haute- et de Basse-Égypte pour créer un seul grand empire vers 3100 av. J.-C.

Depuis cette date, l'Égypte a connu de nombreux souverains. Certains des plus célèbres ont vécu durant la période appelée Nouvel Empire (1550-1070 av. J.-C.), caractérisée par une grande prospérité. On a alors construit d'immenses temples dans la Vallée des Rois, près de Thèbes, la capitale, et à Abou-Simbel.

Alexandrie
Cette ville légendaire a été fondée par Alexandre le Grand.

Les monuments de Gizeh
Les pyramides et le sphinx de Gizeh sont très célèbres.

Le temple d'Hatshepsout
La reine Hatshepsout a fait bâtir un temple à degrés sur la rive gauche du Nil.

Abou-Simbel
Deux immenses temples ont été creusés dans les falaises de grès.

La reine Hatshepsout
Hatshepsout a été l'un des pharaons les plus brillants. Son nom signifie « la plus grande des nobles dames ».

Akhenaton et Néfertiti
Ce couple royal, qui vivait dans la ville d'Akhenaton, aujourd'hui Amarna, a eu six filles, mais pas de fils.

Cléopâtre
Cléopâtre VII a été la dernière descendante de Ptolémée, un général d'Alexandre le Grand, à régner sur l'Égypte.

Les temples de Karnak
De nombreuses colonnes de pierre supportaient le lourd toit des temples.

L'Égypte se trouve en Afrique du Nord.

La précieuse eau du Nil

Le Nil s'écoule vers la Méditerranée, au nord. Il traverse le désert égyptien et fournit son eau aux habitants de l'Égypte.

PHARAONS DU NOUVEL EMPIRE (1550-1069 AV. J.-C.)

PHARAON	DATE DE MORT (env.)	DÉCOUVERTE DU TOMBEAU	DÉCOUVERTE DE LA MOMIE
Amosis	– 1525	1899	1881
Aménophis Ier	– 1504	inconnu	1881
Thoutmosis Ier	– 1492	1824	1881
Thoutmosis II	– 1479	inconnu	1881
Reine Hatshepsout	– 1458	1903	2007
Thoutmosis III	– 1425	1898	1881
Aménophis II	– 1400	1898	1898
Thoutmosis IV	– 1390	1903	1898
Aménophis III	– 1352	1799	1898
Akhenaton	– 1336	1907	ossements
Smenkhkarê	– 1336	?	?
Toutankhamon	– 1327	1922	1922
Aÿ	– 1323	1816	non trouvée
Horemheb	– 1295	1908	non trouvée
Ramsès Ier	– 1294	1817	non trouvée
Sethi Ier	– 1279	1817	1881
Ramsès II	– 1213	1913	1881
Meremptah	– 1203	1903	1898
Amenmessou	– 1205	1907	non trouvée
Sethi II	– 1194	1909	1898
Siptah	– 1188	1905	1898
Reine Taousert	– 1186	1909	1898
Sethnakht	– 1184	1909	non trouvée
Ramsès III	– 1153	1768	1881
Ramsès IV	– 1147	1718	1898
Ramsès V	– 1143	1888	1898
Ramsès VI	– 1136	1888	1898
Ramsès VII	– 1129	1737	non trouvée
Ramsès VIII	– 1126	inconnu	non trouvée
Ramsès IX	– 1108	1888	1881
Ramsès X	– 1099	1902	non trouvée
Ramsès XI	– 1069	1979	non trouvée

La société égyptienne

De haut en bas
Au sommet de la pyramide sociale, on trouvait le roi et la famille royale; tout en bas, les prisonniers de guerre, les criminels et les esclaves.

La structure très rigide de la société égyptienne évoque une pyramide. Les Égyptiens croyaient que c'étaient les dieux qui leur attribuaient des statuts différents. Tout en haut se trouvait le pharaon – le roi ou, parfois, la reine. Secondé par les membres de l'élite cultivée, il dirigeait l'armée, l'administration et le clergé. C'était la seule personne censée pouvoir communiquer avec les dieux.

Les scribes et les fonctionnaires qui savaient lire et écrire étaient très respectés. Les artisans avaient une position bien inférieure. En dessous d'eux, il y avait la masse des paysans, qui cultivaient les champs, s'occupaient du bétail et fournissaient la main-d'œuvre pour construire les édifices royaux.

Le savais-tu ?
Les Égyptiens n'avaient pas de monnaie. La richesse se mesurait en têtes de bétail. Chaque année, on comptait les vaches, qui servaient à payer les impôts.

Le marché
Au marché, on pouvait acheter toutes sortes de choses, comme des ustensiles ménagers, du tissu et des produits alimentaires.

LA PYRAMIDE SOCIALE

La population totale de l'Égypte a varié au fil des siècles. De nos jours, on obtient ce genre d'information grâce aux recensements. Mais on n'en connaît aucun réalisé à l'époque des pharaons. Les historiens tentent donc d'estimer le nombre probable des habitants de l'Égypte antique en dénombrant les tombes dans diverses régions.

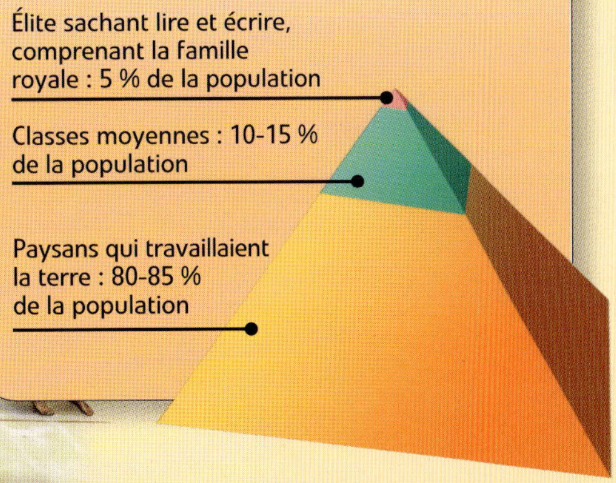

Une maison égyptienne

La plupart des Égyptiens vivaient dans des maisons en briques de terre crue séchées au soleil, construites serrées les unes contre les autres. Elles avaient des pièces carrées, avec de petites fenêtres et un toit en terrasse, où l'on faisait souvent la cuisine et où l'on dormait l'été. Ces maisons comportaient souvent une pièce centrale, où la famille passait la majeure partie de son temps, et trois autres plus petites. L'habitation des paysans, plus sommaire, avait une seule pièce sans fenêtre avec, devant, une cour fermée abritant les bovins et les chèvres.

Les plus riches vivaient dans de grandes demeures, souvent complétées d'un jardin orné de fleurs, d'un bassin à poissons, de logements pour les domestiques, de greniers, d'écuries et d'un petit sanctuaire familial.

La maison d'un bâtisseur de tombeaux

Les bâtisseurs des tombeaux royaux de la Vallée des Rois vivaient avec leur famille dans des maisons de quatre pièces en pierres et en briques crues, conçues pour garder la fraîcheur en été.

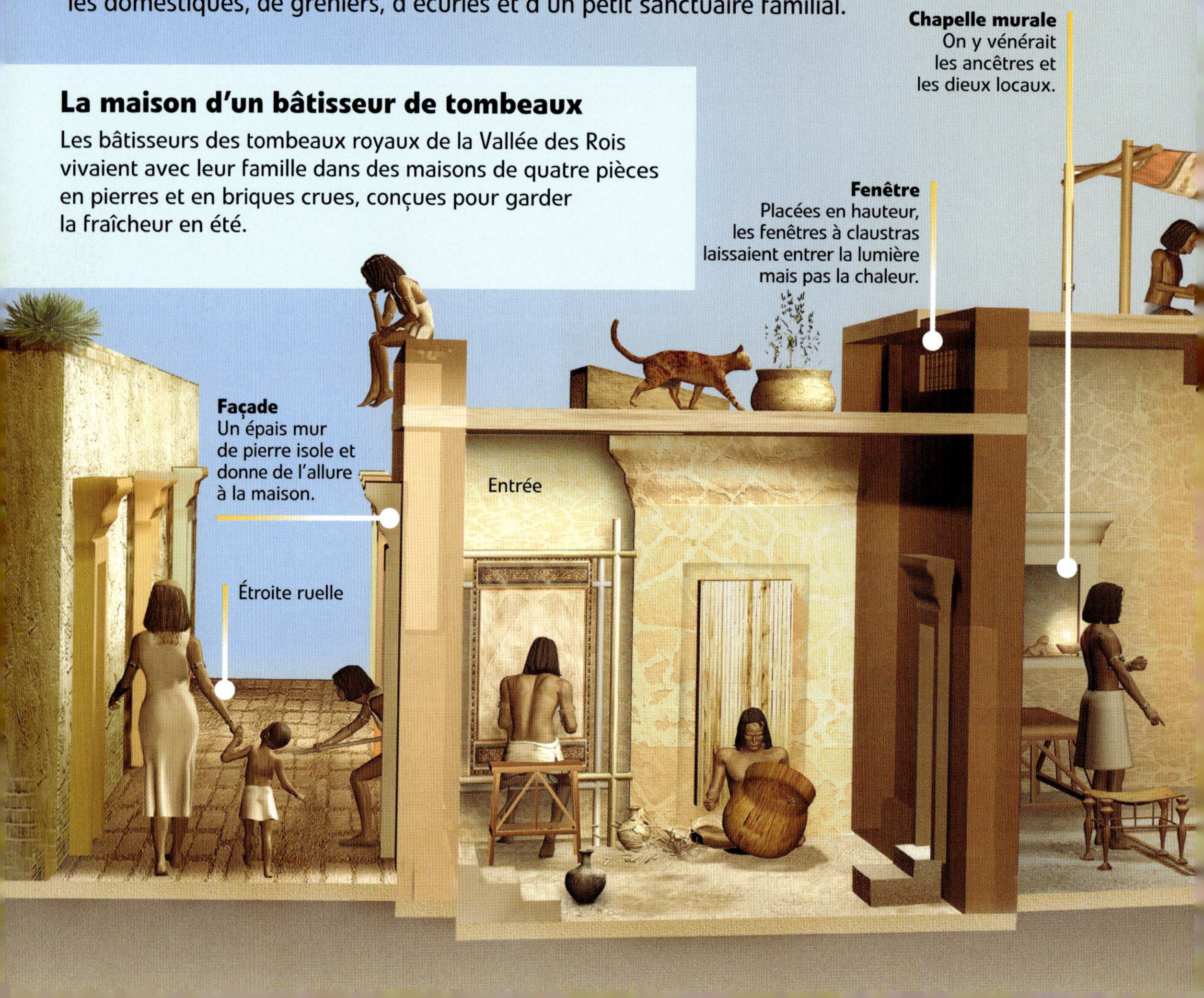

VILLA D'UNE RICHE FAMILLE

Les riches marchands et les fonctionnaires habitaient des villas spacieuses et confortables, avec des colonnes richement décorées supportant de hauts plafonds, d'étroites fenêtres à claustras, des sols carrelés et des murs peints de motifs animaliers ou végétaux. Un escalier menait au toit en terrasse qui dominait le jardin, les bassins remplis de poissons ou la palmeraie de la propriété ; c'était l'endroit le plus frais pour se détendre durant les soirées chaudes. Les meubles étaient très simples : des tabourets, des lits bas et des petites tables.

Une riche famille égyptienne à la maison

Espace supplémentaire
On pouvait aménager des espaces supplémentaires sur le toit en terrasse.

Four
Un four en briques crues servait à cuire le pain.

Espace de stockage
Le sous-sol, qui restait frais, servait à conserver les aliments.

La vie des paysans

Les paysans constituaient la grande majorité de la population. Leur vie était régie par le cycle du Nil. Il pleut très peu dans cette partie du monde, et il y fait toujours chaud. Mais chaque année, de juillet à octobre, le Nil sortait de son lit et inondait la plaine voisine où se trouvaient les champs.

C'était la saison de l'inondation, ou *akhet*. Les paysans en profitaient pour réparer leurs outils et, comme ils ne pouvaient pas travailler aux champs, on les employait souvent à construire les édifices royaux. Puis venait la saison appelée *péret* : l'eau se retirait en laissant un riche limon noir dans les champs. Il fallait alors labourer, semer et creuser de nouveaux canaux d'irrigation. La troisième saison, *chémou,* était celle de la récolte. Il fallait l'achever avant le début du cycle suivant.

La saison de la crue
De juillet à octobre, le Nil sortait de son lit et inondait les champs. Les paysans pouvaient se reposer et réparer leurs outils.

Suivre les saisons

Les paysans égyptiens profitaient du cycle annuel du Nil. Le fleuve déposait dans les champs inondés un précieux limon, extrêmement riche en substances nutritives, qui évitait de se servir d'engrais.

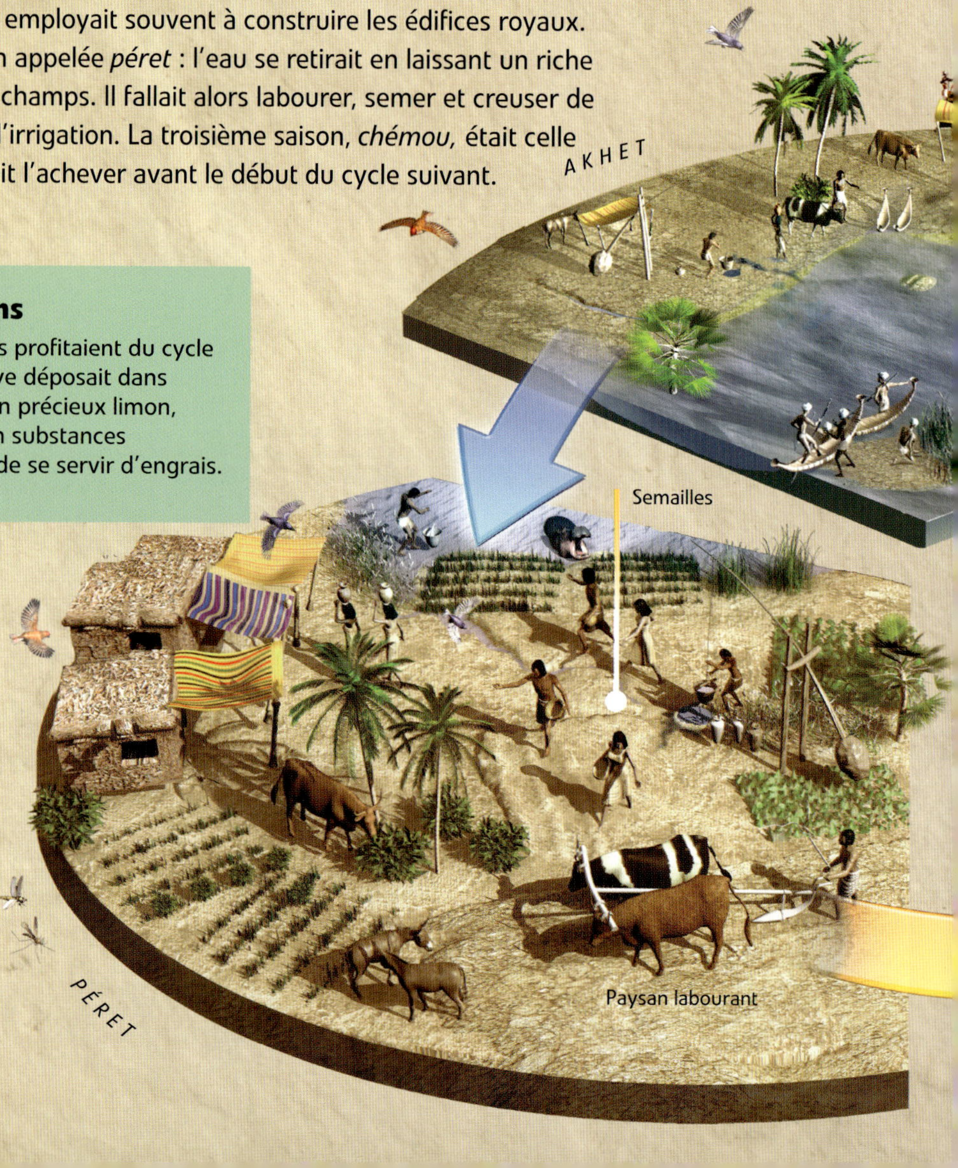

Les semailles
Quand l'eau du Nil se retirait, les paysans labouraient le sol encore meuble fertilisé par le limon et y semaient des graines.

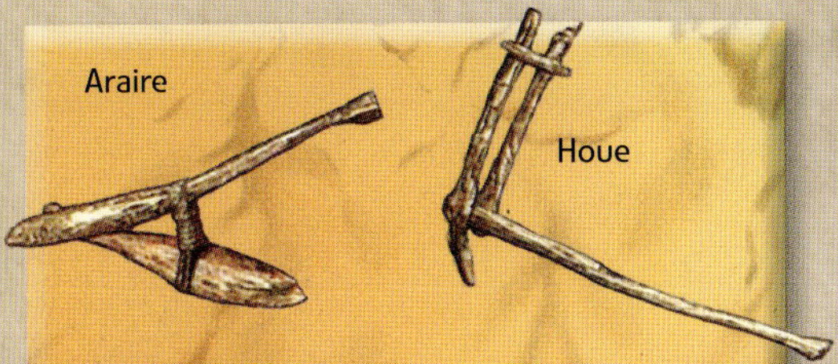

Outils agricoles
On labourait le sol meuble avec un araire en bois tiré par des bœufs. On pouvait aussi creuser le sol à la main avec une légère houe en bois.

LA PÊCHE

Le Nil était une voie de communication facilitant les transports et le commerce. On y pêchait aussi des poissons, à l'aide de harpons, de crochets et de lignes, ou de filets en papyrus. On prenait aussi au piège des canards, des grues et d'autres oiseaux dans les marais qui bordaient le fleuve.

D'abondantes récoltes
Grâce au limon fertile déposé chaque année par le Nil, on obtenait d'abondantes récoltes de blé, d'orge, de lin, de fruits et de légumes.

L'au-delà

Les Égyptiens pensaient que, s'ils se comportaient bien durant leur vie, ils seraient récompensés après leur mort. Ils accompliraient alors un voyage dans le monde de l'au-delà et vivraient avec Osiris, le dieu des Morts, dans le Champ de Roseaux. Au début, on considérait que seul le pharaon possédait une âme assez puissante pour quitter sa tombe, parcourir l'au-delà et vivre avec les dieux. Mais au cours du Moyen Empire (2040-1640 av. J.-C.) est apparue l'idée que tous les défunts pouvaient accéder à l'au-delà, à condition d'observer les rites appropriés.

Lors des funérailles, on engageait des pleureuses qui se lamentaient et se couvraient la tête de poussière. À la porte du tombeau, un prêtre accomplissait la cérémonie de l'Ouverture de la Bouche, censée permettre à l'âme du défunt de revenir à la vie. Après s'être dirigée vers l'ouest, l'âme traversait un labyrinthe et devait répondre à des questions. Le jugement final était prononcé par Osiris lui-même.

La Vallée des Rois
On pensait qu'en construisant les tombeaux de la famille royale dans cette vallée éloignée, ils risquaient moins d'être pillés.

Le coffre canope
Le nom du défunt est inscrit sur le coffre canope et sur le cercueil.

Des biens matériels
Des serviteurs portent des meubles, des vêtements, des bijoux, des jeux et d'autres objets dont le défunt, pense-t-on, aura besoin dans l'au-delà.

De la nourriture
On place aussi des aliments et des boissons dans le tombeau, pour que le défunt ne manque de rien.

LE LIVRE DES MORTS

Le Livre des Morts était une sorte de guide de l'au-delà. Il décrivait ce qui allait se passer après la mort, et des instructions – inscrites sur les parois des tombeaux ou sur un rouleau de papyrus – indiquaient comment il fallait se comporter. Il fournissait aussi des incantations pour plaire aux dieux et éviter la malchance.

Le trajet du défunt
Ces peintures montrent les diverses étapes de l'accès à l'au-delà.

La procession funéraire

Parti de la demeure du défunt, le cortège funéraire effectuait une longue procession jusqu'au tombeau. Tirée sur un traîneau, la momie traversait ensuite le Nil en bateau. Il s'agit là des funérailles d'un personnage puissant et riche.

Le catafalque
La momie repose sur un catafalque protégé par les effigies des dieux.

Les rites religieux
Des prêtres aspergent le cortège d'eau purifiante et brûlent de l'encens.

Le transport
Des bœufs tirent le traîneau qui porte le cercueil à travers le désert.

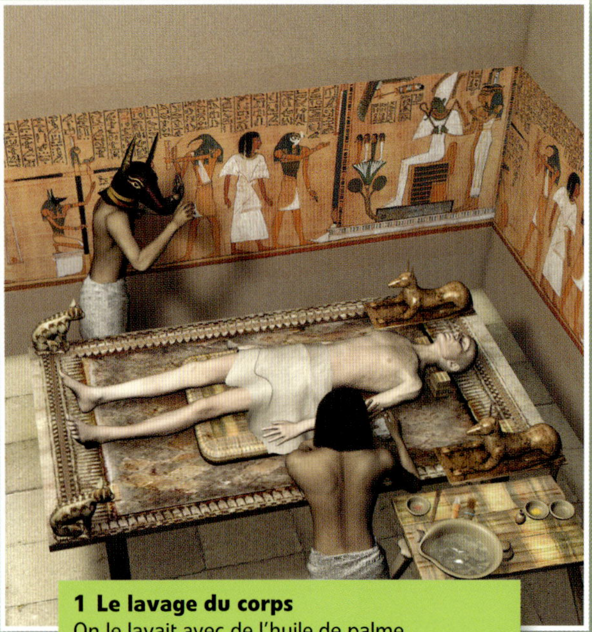

1 Le lavage du corps
On le lavait avec de l'huile de palme odoriférante ou de l'eau. La table inclinée du local d'embaumement, appelé *ouabet*, facilitait l'évacuation des fluides corporels.

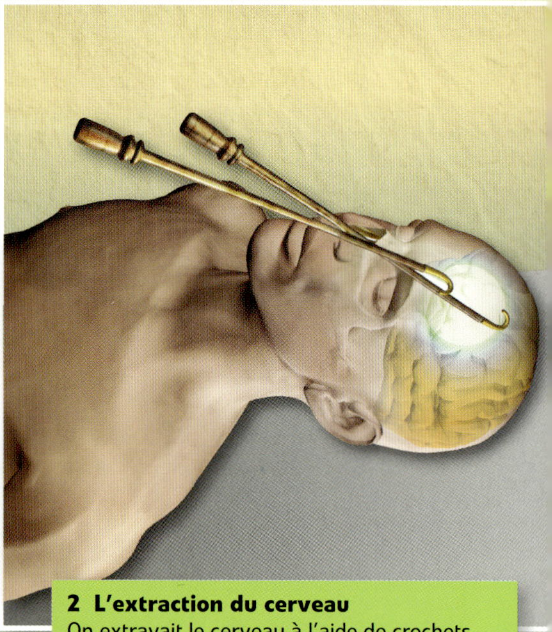

2 L'extraction du cerveau
On extrayait le cerveau à l'aide de crochets de bronze passés dans le nez, puis on introduisait de la résine dans le crâne pour empêcher le développement des bactéries.

La momification

Une momie est un corps mort conservé. Les Égyptiens désiraient préserver les cadavres afin que l'âme des défunts continue à vivre dans l'au-delà. Ils ont remarqué que la peau des défunts enterrés dans le sable du désert séchait et devenait dure et parcheminée : à l'abri de l'humidité, les bactéries responsables de la décomposition ne pouvaient pas survivre et les corps ne se putréfiaient pas.

Les Égyptiens se sont inspirés de ce processus naturel pour préserver les cadavres grâce à la technique de l'embaumement. Ce procédé complexe, accompli par des prêtres, prenait 70 jours environ. Les riches Égyptiens ont momifié leurs défunts pendant près de 3 000 ans.

LES MOMIES D'ANIMAUX

Les Égyptiens momifiaient également des animaux – par exemple des animaux de compagnie pour qu'ils retrouvent leurs maîtres dans l'au-delà. Ils offraient aussi aux dieux des momies d'animaux sacrés, comme les crocodiles et les chats, que l'on enterrait dans des cimetières spéciaux jouxtant les temples.

Momie de crocodile

3 L'enlèvement des viscères
Un prêtre, à l'aide d'un couteau de pierre, faisait une longue entaille sur la gauche du thorax. Il enlevait les poumons, le foie, l'estomac et les intestins, mais laissait le cœur.

4 Le dessèchement du corps
Le corps était lavé avec du vin de palme, rempli de tissu de lin, et refermé. Puis on le recouvrait de natron, un sel qui dessèche le corps, et on le laissait ainsi pendant 40 jours.

5 Le début de l'enveloppement du corps
On enveloppait le corps à l'aide de fines bandelettes de lin en commençant par la tête. Des bijoux et des amulettes protectrices étaient glissés entre les bandelettes.

6 La fin de l'enveloppement du corps
Une ultime enveloppe de lin emballait la momie. Parfois, on ajoutait un masque doré sur son visage avant de la placer dans le sarcophage.

La construction des pyramides

L'Ancien Empire (2686-2181 av. J.-C.) est surnommé l'époque des pyramides. On a bâti ces immenses tombes pour protéger les momies des pharaons. Elles abritaient une chambre funéraire et des pièces renfermant tout ce dont le pharaon pourrait avoir besoin dans l'au-delà. Les pyramides ont d'abord été faites de plates-formes superposées – comme un escalier géant que le pharaon aurait escaladé jusqu'au ciel pour rejoindre Rê, le dieu Soleil. Puis leurs faces lisses en pente ont constitué une sorte de rampe de lancement symbolique pour le voyage du pharaon vers l'au-delà.

Tâche difficile et dangereuse, la construction des pyramides prenait beaucoup de temps. De nombreux ouvriers étaient écrasés, se brisaient les os ou se tuaient pendant les travaux. Mais en effectuant cette tâche, ils pensaient accéder à l'au-delà avec le pharaon.

Le halage des pierres

D'après une théorie, les ouvriers tiraient les énormes pierres dans le désert sur des rondins de bois lisses enduits de boue. Chaque pierre, qui pesait autant qu'un hippopotame, glissait sur ces rondins.

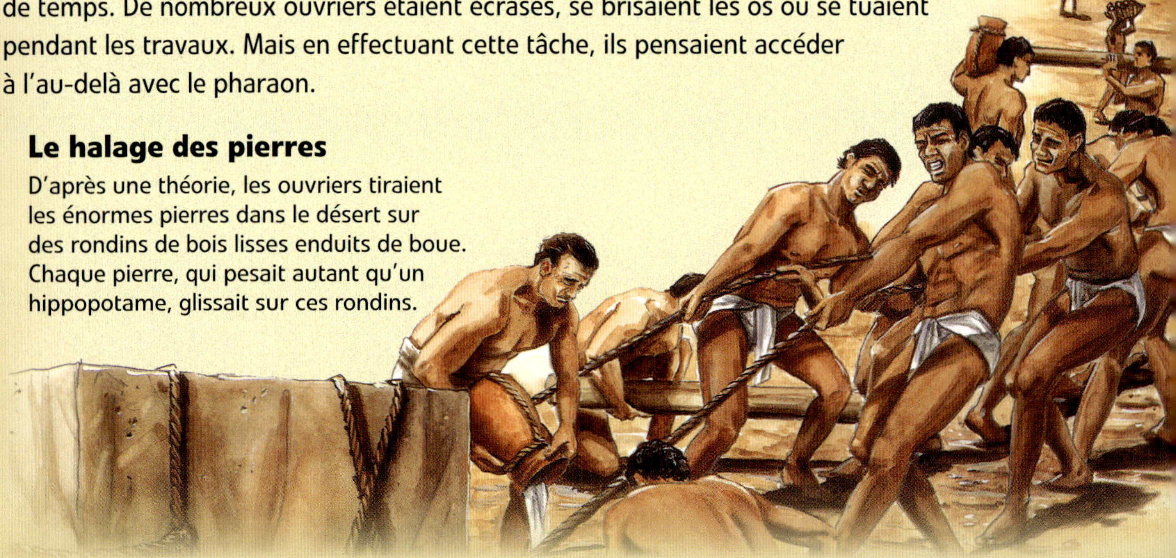

LE TRANSPORT DES PIERRES

De nombreuses théories expliquent la construction des pyramides. Pour la plupart des égyptologues, on s'est servi de canaux, de rampes et de leviers.

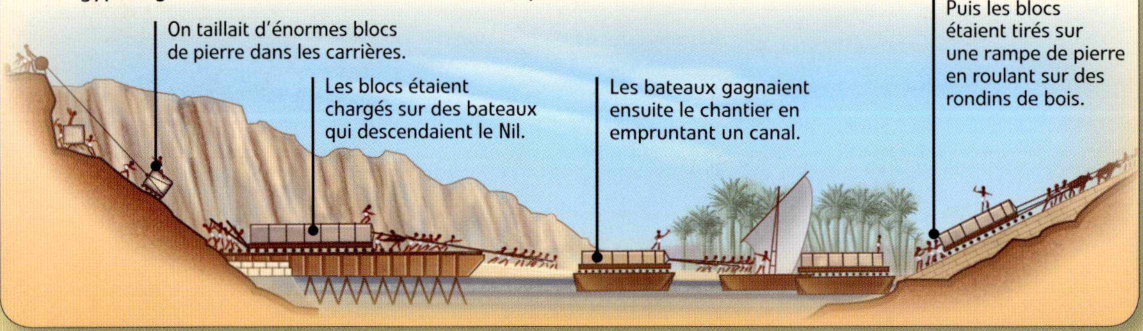

La Grande Pyramide de Gizeh
Merveille d'ingénierie et de précision, la Grande Pyramide a été bâtie à partir de 2589 av. J.-C. C'est le tombeau de Khéops, un pharaon de la 4e dynastie.

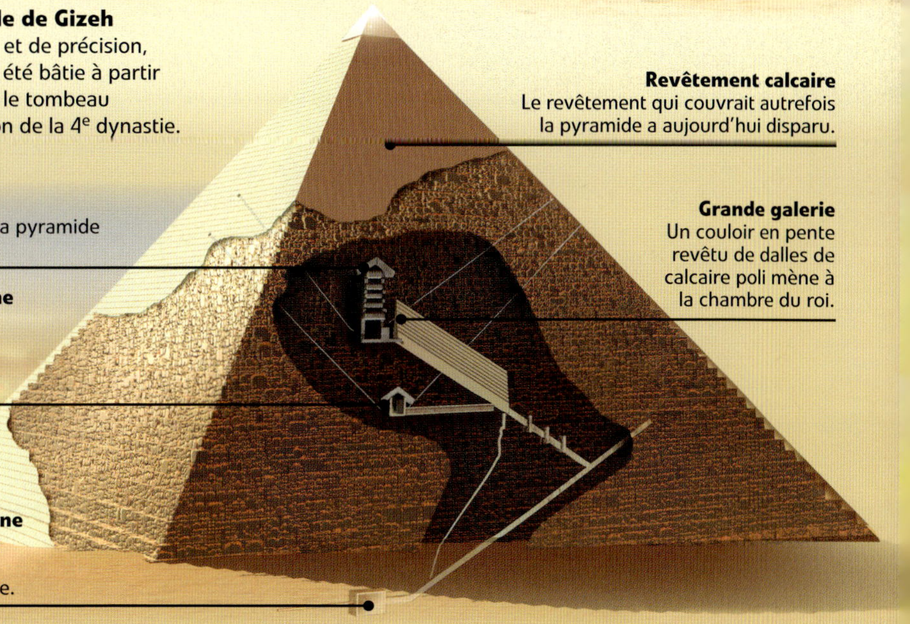

Revêtement calcaire
Le revêtement qui couvrait autrefois la pyramide a aujourd'hui disparu.

La chambre du roi
C'est la seule pièce de la pyramide qui a été achevée.

Grande galerie
Un couloir en pente revêtu de dalles de calcaire poli mène à la chambre du roi.

La chambre de la reine
On sait peu de choses de cette chambre, vraisemblablement destinée à la reine.

La chambre souterraine
On ignore à quel usage cette chambre restée inachevée était destinée.

La chambre funéraire
Les parois de la chambre funéraire étaient ornées de peintures. Dans le sarcophage de pierre, trois cercueils dorés étaient emboîtés l'un dans l'autre. Le dernier contenait la momie de Toutankhamon. Pour Howard Carter, cette découverte représentait la réalisation d'un vieux rêve.

Le masque mortuaire
Le masque funéraire de Toutankhamon, en or massif incrusté de lapis-lazuli bleu, est impressionnant.

Le tombeau de Toutankhamon

Masque funéraire en or de Toutankhamon

Devenu pharaon à neuf ans, Toutankhamon est mort en 1327 av. J.-C., à dix-huit ans. Howard Carter a découvert sa sépulture en 1922. C'est le seul tombeau d'un pharaon à avoir été peu pillé. Il a été visité au moins deux fois avant sa découverte, mais il était encore rempli de trésors – statues dorées, modèles réduits de bateaux, armes, chars – pour accéder à l'au-delà.

Par rapport à d'autres tombeaux royaux, celui de Toutankhamon était petit : il ne comportait qu'un couloir d'accès et quatre chambres. Les historiens pensent que c'est parce que le roi est mort brusquement et très jeune. On n'a pas eu le temps de lui édifier un vrai tombeau royal : celui dans lequel il a été enterré aurait été destiné à un noble.

HOWARD CARTER

Artiste et archéologue anglais, Howard Carter a découvert le tombeau de Toutankhamon le 4 novembre 1922, après cinq ans de recherches infructueuses. Il lui a fallu dix autres années pour sortir avec soin tous les trésors présents dans la tombe. Devenu par la suite un agent pour les collectionneurs et les musées, il est mort en 1939.

Carter nettoie soigneusement le troisième cercueil du pharaon.

Les temples de Karnak

Sous le Nouvel Empire (1550-1069 av. J.-C.), Thèbes était la capitale de l'Égypte, et on y a construit des temples grandioses. Le plus grand complexe religieux, celui de Karnak, près de Thèbes, était consacré au dieu de l'empire, Amon, à son épouse Mout et à leur fils Khonsou. Chacun d'eux disposait d'une enceinte particulière. Une autre était destinée à Montou, le dieu local à tête de faucon.

La construction, commencée au XVIe siècle av. J.-C., s'est poursuivie pendant 2000 ans. Chaque pharaon y a ajouté sa propre note – un nouveau temple, une chapelle, un pylône couvert d'inscriptions gravées. Les pierres qui ont servi à bâtir Karnak ont été acheminées par bateau depuis les carrières de grès du sud de l'Égypte.

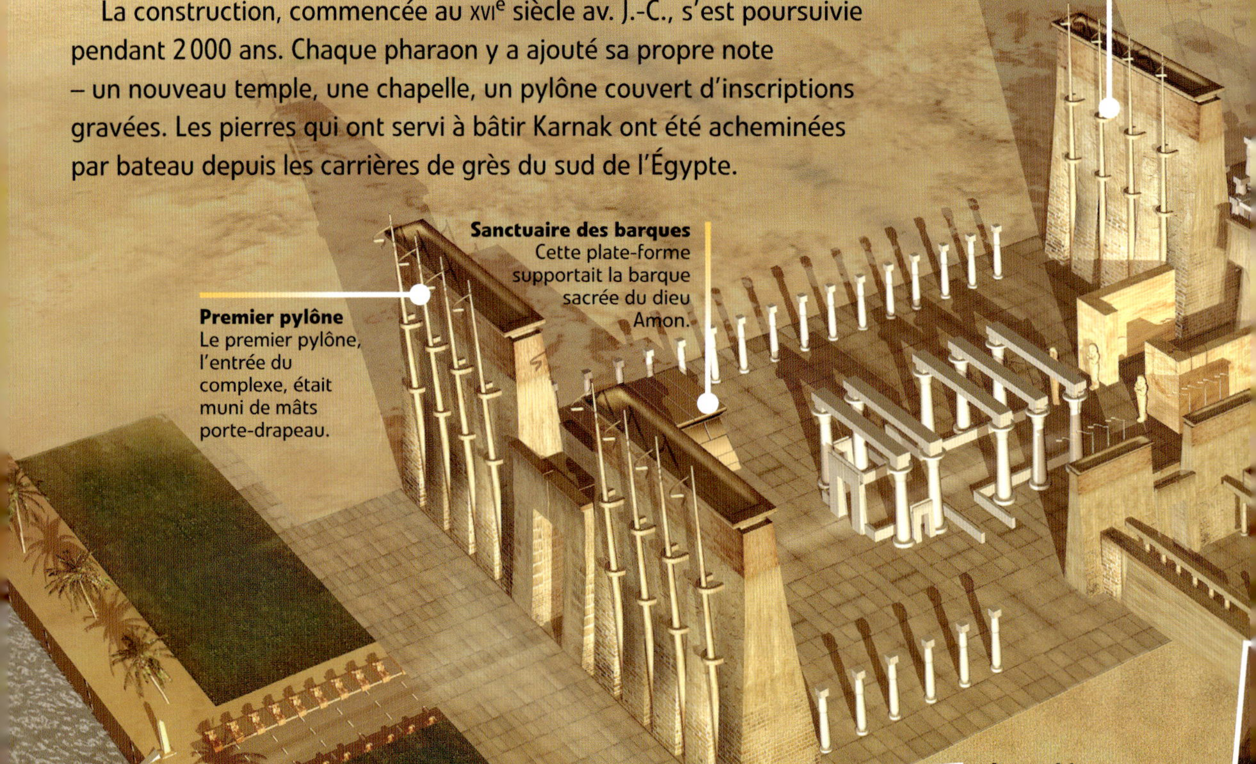

Les sphinx
Une avenue bordée de deux rangées de sphinx à tête de bélier mène au premier pylône, la première entrée monumentale. Elle a été bâtie par Ramsès II.

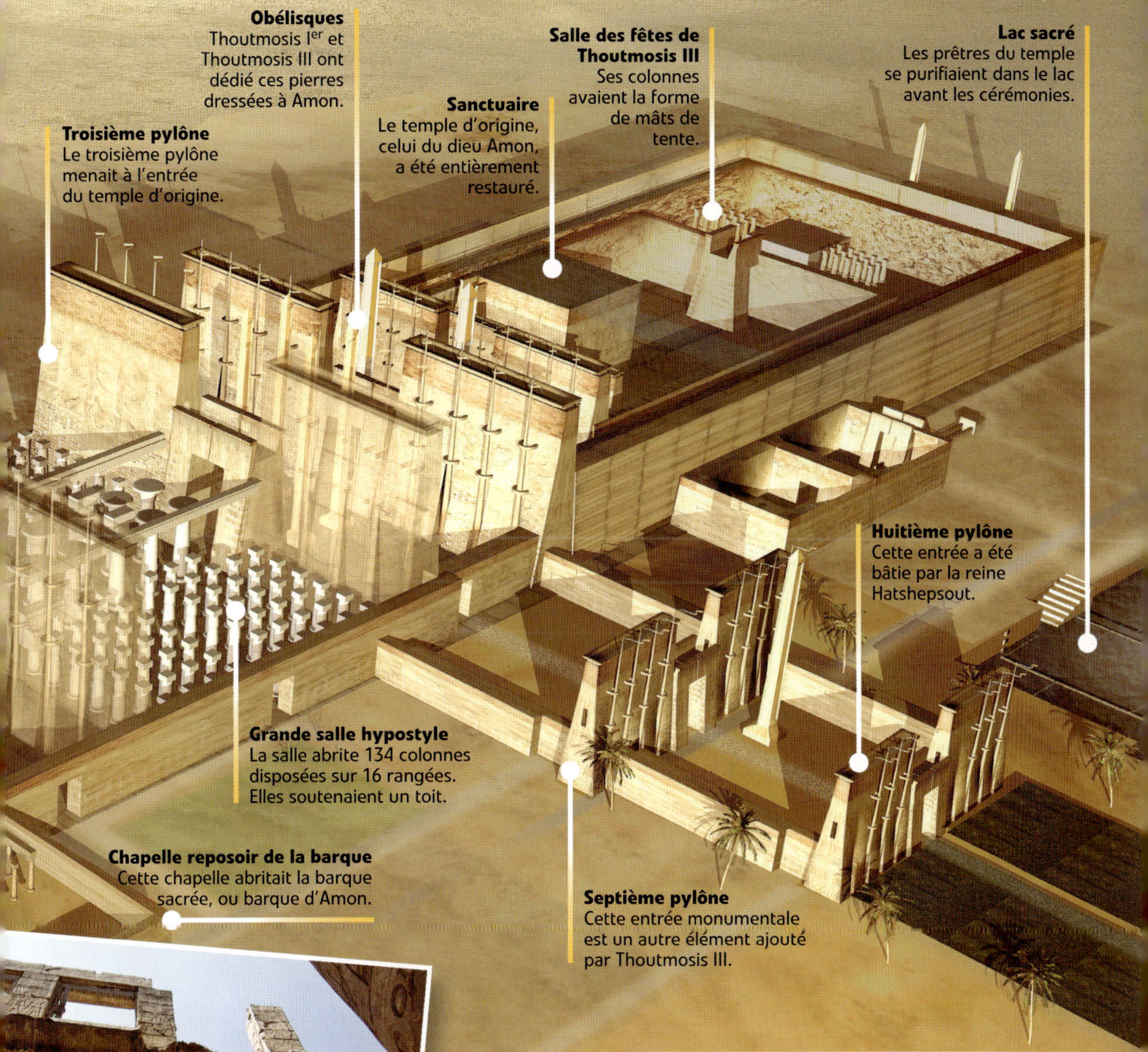

La grande salle hypostyle
Cette salle, comportant une «forêt» d'immenses colonnes gravées de hiéroglyphes, est l'un des chefs-d'œuvre de l'architecture égyptienne.

Les temples et les chapelles

Couvrant 100 ha, le site de Karnak est l'un des plus impressionnants d'Égypte. Il comporte quatre grands sanctuaires – l'enceinte d'Amon, l'enceinte de Montou, l'enceinte de Mout et le temple d'Aménophis IV – ainsi qu'un grand nombre de chapelles plus petites, de pylônes, de colonnes, d'obélisques et de sphinx.

Abou-Simbel

Ramsès II, surnommé Ramsès le Grand, a construit deux temples à Abou-Simbel, en Nubie, qui était alors un territoire voisin de l'Égypte. Il voulait rappeler aux Nubiens sa grandeur et sa réputation de grand roi guerrier.

Le plus petit des deux, le Petit Temple, dédié à Hathor, la déesse de l'Amour, abritait les statues du roi et de son épouse favorite, Néfertari. Le Grand Temple (ci-contre), taillé dans les profondeurs d'une falaise de grès, comportait une série de salles soutenues par des piliers et un sanctuaire. Les parois étaient ornées de peintures représentant Ramsès II (1279-1213 av. J.-C.) conduisant son magnifique char durant la bataille. Quand on a construit le barrage d'Assouan dans les années 1960, le Petit Temple, le Grand Temple et une partie du front de la falaise ont été démontés pièce par pièce pour être sauvés des eaux du lac Nasser, qui les aurait recouverts.

RAMSÈS II

Ramsès II, l'un des plus puissants souverains égyptiens, a régné 67 ans et a érigé plus d'édifices, de temples et de statues en son honneur qu'aucun autre pharaon. Il se prétendait le fils du dieu Amon et a bâti Abou-Simbel pour affirmer son statut divin. L'une des statues du sanctuaire est la sienne.

Le Grand Temple de Ramsès II, à Abou-Simbel

Le sanctuaire du temple

Le sanctuaire, situé tout au fond du temple, abrite quatre statues assises de dieux très vénérés. Deux fois par an, le 22 février et le 22 octobre, les premiers rayons du soleil, qui illuminent le temple sur toute sa longueur, éclairent les statues.

Entrée
Une volée de marches de pierre donne accès aux salles du temple et au sanctuaire, au fond.

Salle hypostyle
La salle hypostyle, creusée profondément dans la falaise, est soutenue par huit énormes piliers en forme d'Osiris, quatre de chaque côté.

Le sanctuaire
Il abrite les statues de quatre dieux : Amon, Ptah, Rê-Horakhty et Ramsès II.

La grande salle
Huit immenses statues bordent la grande salle du temple, qui mène au sanctuaire. Elles figurent Ramsès II sous l'apparence d'Osiris, le dieu des Morts.

L'art et la culture

Les Égyptiens ont créé de magnifiques œuvres d'art. La peinture et la sculpture étaient intimement liées à l'architecture. On respectait les maîtres artisans qui ornaient les parois des tombeaux. Les bijoutiers créaient des colliers, des bracelets, des bagues et des boucles d'oreilles en or, en argent et en diverses pierres semi-précieuses, destinées aux hommes comme aux femmes. Les tailleurs de pierre réalisaient des statues et des récipients en pierre dure ou tendre. Les charpentiers fabriquaient des bateaux, des coffres et de beaux meubles incrustés d'ébène et d'ivoire.

Les murs des tombeaux et des temples étaient couverts d'inscriptions peintes, les hiéroglyphes. Des musiciens jouaient de la harpe, du luth, du pipeau, de la crécelle et du tambourin durant les banquets et les fêtes religieuses, et des danseurs se produisaient lors des cérémonies funéraires.

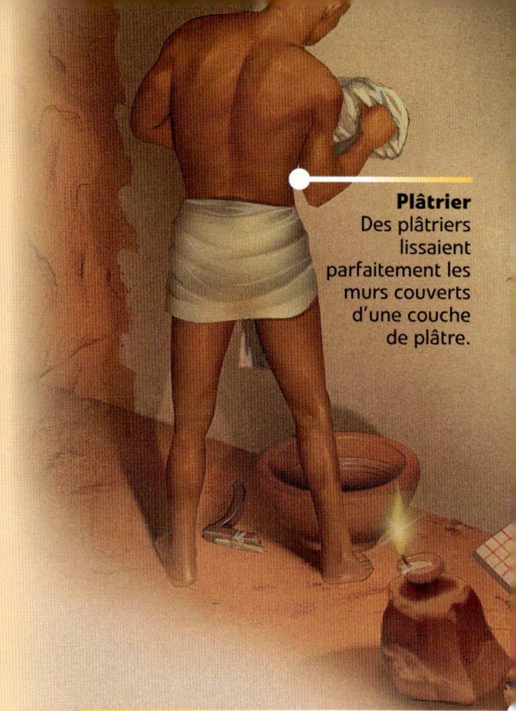

Plâtrier
Des plâtriers lissaient parfaitement les murs couverts d'une couche de plâtre.

Scribes
Des scribes chargés des contours reproduisaient les dessins prévus sur les murs à l'aide de peinture noire.

A Vautour, Bras	I Roseau	Q Flanc de colline	Y Double roseau
B Pied	J Cobra	R Bouche	Z Inexistant
C Inexistant	K Corbeille	S Verrou, Tissu plié	CH Entraves pour animaux
D Main	L Lion	T Miche de pain	KH Placenta
E Roseau	M Hibou	U Jeune caille	SH Lac
F Vipère cornue	N Eau	V Vipère cornue	
G Support de jarre	O Lasso	W Jeune caille, Rouleau de corde	
H Abri de roseau, Tresse de lin	P Tabouret	X Inexistant	

Musiciennes du harem royal
Musiciennes et danseuses accomplies, les femmes du harem royal jouaient de divers instruments, chantaient et dansaient pour distraire le roi.

L'« alphabet » hiéroglyphique
Les hiéroglyphes étaient disposés en rangées ou en colonnes, et on pouvait les lire de gauche à droite ou de droite à gauche.

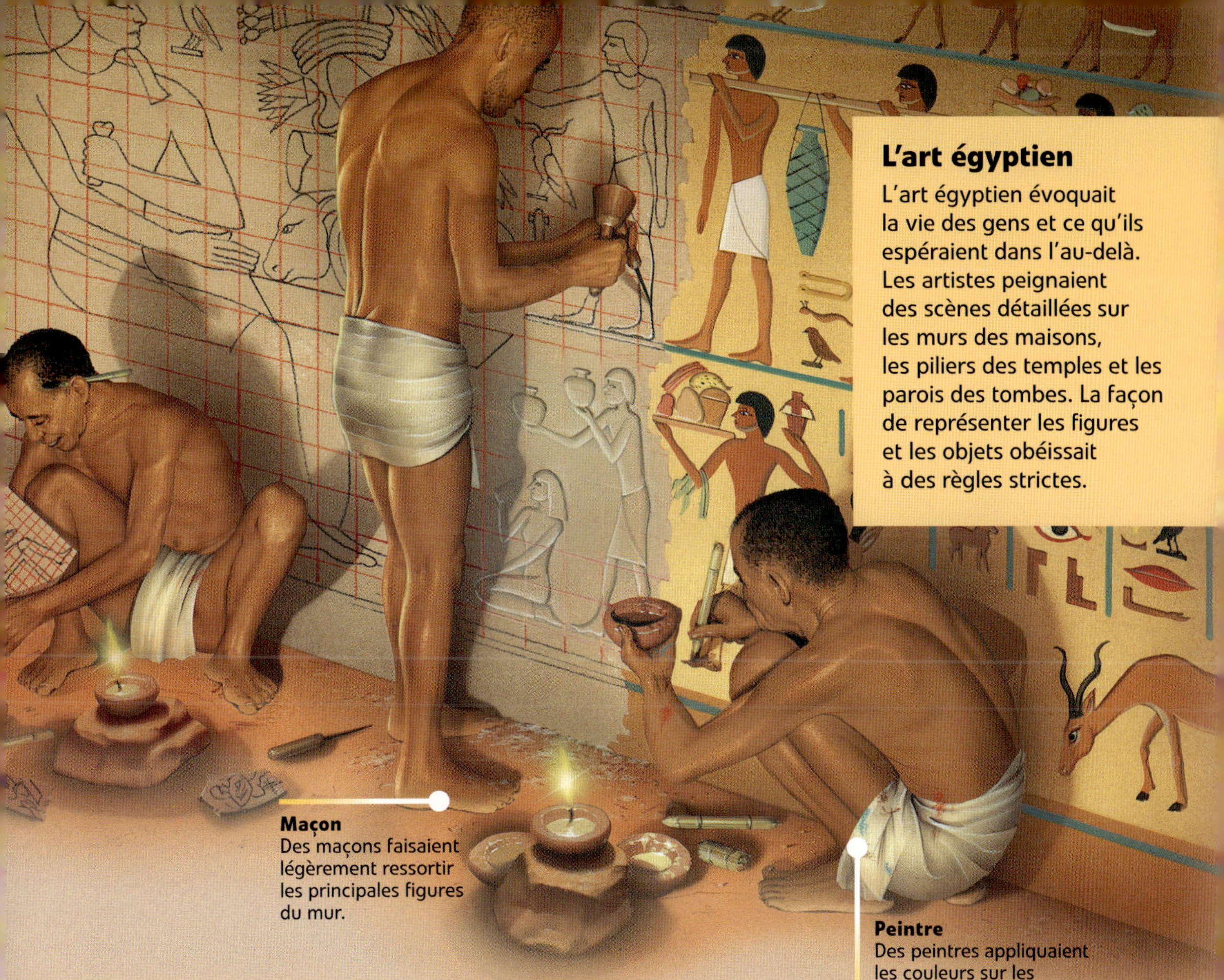

L'art égyptien

L'art égyptien évoquait la vie des gens et ce qu'ils espéraient dans l'au-delà. Les artistes peignaient des scènes détaillées sur les murs des maisons, les piliers des temples et les parois des tombes. La façon de représenter les figures et les objets obéissait à des règles strictes.

Maçon
Des maçons faisaient légèrement ressortir les principales figures du mur.

Peintre
Des peintres appliquaient les couleurs sur les détails qui se détachaient sur la peinture du fond.

LE PAPYRUS

Le papyrus, qui poussait le long des rives du Nil, servait à fabriquer un matériau fin, nommé aussi papyrus, qui a précédé le papier. Avec les tiges, on construisait des embarcations ; le gréement était fait de fibres entrelacées. On tissait aussi le papyrus et on en faisait des sandales et des objets pour la maison.

Coffre en papyrus

Panier tressé

Sandales

L'école des scribes
Il fallait au moins 10 ans aux élèves pour mémoriser les centaines de différents signes hiéroglyphiques.

À la découverte du passé

On peut en savoir plus sur l'Égypte antique en visitant les musées ou en lisant les écrivains antiques comme Hérodote, qui a décrit l'Égypte qu'il a visitée sous la XXVIIe dynastie.

Les égyptologues ont aussi découvert des informations en étudiant monuments, peintures et objets laissés par les Égyptiens. Ils ont déchiffré les textes en hiéroglyphes, gravés dans la pierre ou tracés sur papyrus, décrivant la vie quotidienne. Aujourd'hui, les habitants de la vallée du Nil emploient encore des méthodes et des outils agricoles utilisés autrefois.

Les fouilles étrangères

En 1816, Giovanni Battista Belzoni engage des ouvriers égyptiens pour tirer la tête colossale d'une statue brisée de Ramsès II de Thèbes jusqu'au Nil. Elle se trouve aujourd'hui au British Museum, à Londres.
Mais les fouilleurs étrangers n'ont maintenant plus l'autorisation d'emporter leurs trouvailles hors d'Égypte.

1798
Des savants français vont en Égypte avec l'armée de Napoléon.

1799
Un soldat français découvre la pierre de Rosette.

1816
Belzoni recueille des œuvres pour le British Museum.

1822
Jean-François Champollion déchiffre les hiéroglyphes.

1858
On crée le Service des Antiquités nationales en Égypte.

La pierre de Rosette
La découverte de la pierre de Rosette a permis aux chercheurs, dont Champollion, de déchiffrer les hiéroglyphes, car elle contenait la même information dans trois écritures différentes.

DES RÉSERVES DE TRÉSORS

Les musées du monde entier abritent des œuvres de l'Égypte antique. Le musée du Louvre, à Paris, possède des sarcophages et beaucoup d'autres beaux objets. Le musée du Caire, en Égypte, détient les trésors découverts dans le tombeau de Toutankhamon. Et le temple de Dendur a été rebâti pierre par pierre au Metropolitan Museum of Art de New York.

Les trésors des musées
Les momies et les sarcophages de l'Égypte antique sont des objets très appréciés dans les musées du monde entier.

1880
Flinders Petrie commence à étudier la Grande Pyramide.

1922
Howard Carter découvre le tombeau de Toutankhamon.

1939
Pierre Montet découvre les tombes royales à Tanit.

1992
Début des fouilles sous-marines de l'antique Alexandrie.

Années 1990
Les scanners et les tests ADN de momies deviennent possibles.

Glossaire

akhet
une des trois saisons du calendrier agricole égyptien : la période de l'inondation et du repos.

Ancien Empire
période de l'histoire égyptienne : 2649-2150 av. J.-C.

au-delà
une existence après la mort.

catafalque
structure sur laquelle repose le cercueil avant d'être placé dans la tombe.

chémou
une des trois saisons du calendrier agricole égyptien : la période de la récolte.

coffre canope
coffre de bois contenant des vases dans lesquels on mettait les viscères du défunt ; en général, ce coffre était placé dans la tombe avec la momie.

effigie
sculpture ou image d'une personne.

égyptologue
personne qui étudie la civilisation de l'Égypte antique.

grenier
édifice destiné à stocker les céréales.

hiéroglyphes
dessins ou symboles utilisés comme écriture par les Égyptiens.

lapis-lazuli
belle pierre semi-précieuse bleue.

limon
couche fine de riche terre argileuse.

momification
processus consistant à dessécher un cadavre pour éviter sa décomposition.

Moyen Empire
période de l'histoire égyptienne : 2055-1650 av. J.-C.

natron
un type de sel utilisé pour conserver les corps.

Nouvel Empire
période de l'histoire égyptienne : 1550-1069 av. J.-C.

obélisque
haute et fine flèche de pierre à quatre côtés, au sommet pyramidal.

ouabet
lieu pur où l'on procédait à l'embaumement et à la momification des morts.

papyrus
sorte de papier fabriqué à partir du papyrus, une plante qui pousse dans les marais proches du Nil.

paysan
membre de la classe sociale la plus basse qui travaillait la terre.

péret
une des trois saisons du calendrier agricole égyptien : période du labour et des semailles après le retrait de l'eau du Nil.

pharaon
souverain de l'Égypte antique.

pierre de Rosette
tablette de pierre découverte à Rosette, en Égypte. Ses inscriptions, en trois écritures différentes, ont permis aux chercheurs de déchiffrer les hiéroglyphes égyptiens.

pyramide
énorme monument à base rectangulaire et à quatre faces triangulaires abritant ou couvrant un tombeau.

recensement
processus permettant de dénombrer une population.

sarcophage
cercueil de pierre.

scribe
fonctionnaire ou écrivain public.

sphinx
animal mythique égyptien ayant un corps de lion et une tête d'homme, de bélier ou de chouette. Les Égyptiens ont érigé des milliers de statues de sphinx. Le plus grand de tous se trouve à Gizeh.

villa
grande et luxueuse demeure campagnarde des gens aisés.

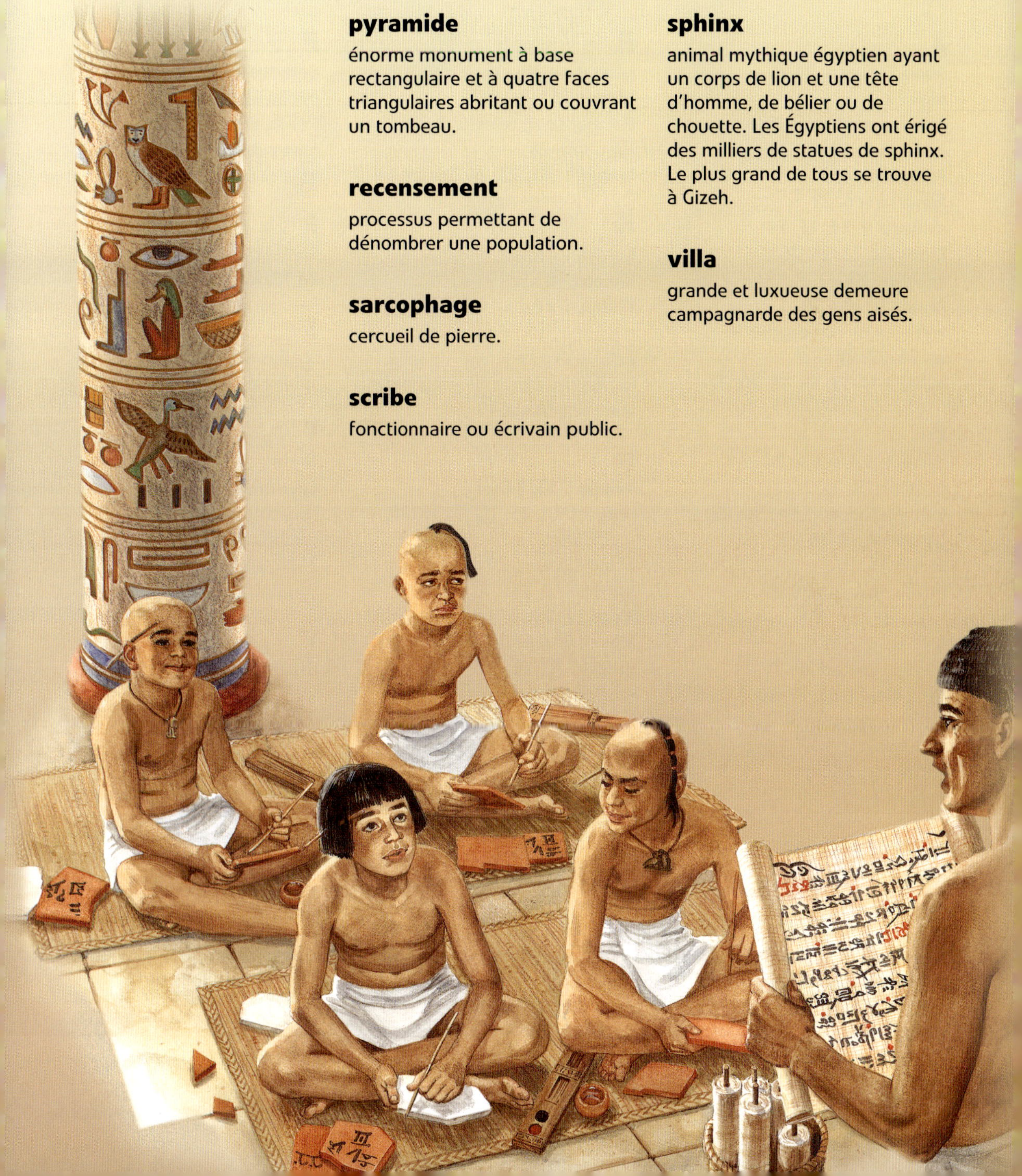